小牛顿科学与人文

将科学的触角伸入更多领域，让科学更生动更有趣

内附科学视频

为什么藕断了丝却不断？
成语中的自然植物

小牛顿科学教育有限公司 / 编著

中国出版集团　现代出版社

小牛顿 科学与人文

来自海峡两岸极具影响力的原创科普读物"小牛顿"系列曾荣获台湾地区26个出版奖项，三度荣获金鼎奖。"科学与人文"系列将"科学"与"人文"相结合，将科学的触角伸入更多领域，使科学更生动、多元、发散。全系列共12册，涉及植物、动物、宇宙、物理、化学、地理、人体等七大领域。用180个主题、360个科学知识点来讲解，并配以47个有趣的科学视频进行拓展，扫描二维码即可快捷观看，利用多媒体延伸阅读。本系列经由植物学、动物学、天文学、地质学、物理学、医学等领域的科学家和科普作家审读，并由多位教育专家、阅读推广人推荐，具有权威性。

科学专家顾问团队（按姓氏音序排列）

崔克西　新世纪医疗、嫣然天使儿童医院儿科主诊医师

舒庆艳　中国科学院植物研究所副研究员、硕士生导师

王俊杰　中国科学院国家天文台项目首席科学家、研究员、博士生导师

吴宝俊　中国科学院大学工程师、科普作家

杨　蔚　中国科学院地质与地球物理研究所研究员、中国科学院青年创新促进会副理事长

张小蜂　中国科学院动物研究所研究助理、科普作家、"蜂言蜂语"科普公众号创始人

教育专家顾问团队（按姓氏音序排列）

胡继军　沈阳市第二十中学校长

刘更臣　北京市第六十五中学数学特级教师

闫佳伟　东北师大附中明珠校区德育副校长

杨　珍　北京市何易思学堂园长、阅读推广人

编者的话

中国源远流长的五千年文明,浓缩发展出了充满智慧的成语。

成语除了比喻意义,其中所描写的现象,是否能用科学概念来解释呢?在这些成语背后,其实有与其息息相关的科学知识,本系列将之分为植物、动物、宇宙、物理、化学、地球奥秘、人体医学等多个领域。本书以深入浅出的文字,搭配精细的图解,来说明所蕴含的科学原理,让孩子在阅读成语故事时,也能学习科学知识。

"叶落归根""松柏后凋""萍水相逢"……这些成语里的"叶""根""松柏"与"浮萍",是属于植物的哪些构造?哪些类别?又有什么特性呢?为什么会用"昙花"一现,而不用"牡丹"一现呢?为什么"藕断"还会"丝连"呢?本书根据成语背后的传说、意义及用法,编写出生动有趣的小故事,这些介绍植物特性、各部位结构及不同植物分类的科学知识,都在本书中有所解答。

快来一起看看这本兼具趣味性、知识性与思考性的书吧,让孩子对成语有更深刻的了解与体会!

目录

04 松柏后凋
不怕冷的植物——针叶树
针叶树的特性

08 叶落归根
植物的一生
只要我长大——种子如何发芽

12 盘根错节
默默付出的根
奇根大观

16 揠苗助长
植物为什么要长在土里
不用土壤的植物栽培法

20 移花接木
"移花接木"的小盆栽
神奇植物繁殖方法

24 节外生枝
茎的结构
变形"茎"刚

28 万紫千红
花的颜色是怎么形成的
枫叶为什么会变红

32 红花绿叶
为什么叶子有不同的大小
挡不住的魅力——花的诱虫

36 华而不实
花的结构
植物爱情故事

40 昙花一现
千变万化的仙人掌科植物
神秘的月下美人——昙花

44 藕断丝连
荷花、莲花和睡莲有什么不同
从头到脚都有用的荷花

48 一叶知秋
叶子为什么会掉落
植物有哪些激素

52 天涯何处无芳草
奇叶怪草大集合
认识常见的野草

56 种瓜得瓜，种豆得豆
豌豆园里的生物学家
遗传学大观

60 萍水相逢
四海为家的浮萍
生活在水里的植物

松柏后凋

用法： 比喻有志之士在艰险的环境中奋斗到最后。

西汉末年，大汉王朝发生内乱。一支正义之师被造反的军队逼到绝路，不过他们还是坚持英勇抵抗。

正义之师里有一位胡子将军和一位白面将军，他们拟订了隔天的作战计划，并且一同喊出了"生为汉家军，死为汉家魂"这样的口号。

到了第二天，两军发生激烈战斗，胡子将军和白面将军眼看着要抵挡不住敌军的攻势，此时白面将军却不按照原来拟订好的计划，独自逃命去了。

这场战争打到最后，胡子将军和白面将军都被敌军俘虏了。敌军的领头大将说："你们之中，如果有人愿意投降，立刻无罪释放，并且给你们官做。"

听到这些话后，胡子将军仍是不改其志，正眼也不瞧那位大将一眼。没想到白面将军立刻跳出来投降，并宣称对方的军队造反有理。后来，敌军的将军看白面将军这么贪生怕死，还是假借一些理由，把白面将军给杀了。不过，他却很敬重胡子将军，认为这才是坚守节操的将领，就像松柏一样，在百花凋谢的时候，只有它依然长青。于是暗中把胡子将军放了，让他归隐山林。

不怕冷的植物——针叶树

瑟瑟寒风中，花儿都凋谢了，树叶也纷纷飘落，只留下光秃秃的枝丫——这是大家对冬天的印象。但是，有一类树可不怕冷哦！那就是针叶树。针叶树指的是叶形细长如针的树种。一般包括松科和红豆杉科数量众多的树木和灌木。

针叶树大多分布在寒带或高海拔地区。由于这些地区冬季气温都在0℃以下，也常会遇到降雪，因此这类树木就演化出了不会卡住雪团又能够防止热能散失的针叶。此外，针叶树的叶子上通常覆盖了一层蜡，再加上气孔凹陷，有助于防止热能和水分散失。

我们是不怕冷的高山族。

针叶树聚集的树林为针叶林，西伯利亚针叶林是现今世界上面积最大的针叶林，它的范围覆盖了整个北部欧亚大陆的土地。针叶林孕育了大量的野生动植物，是地球上重要的生物资源库，其木材也是世界上最主要的纸浆来源。

针叶树聚集的地方叫针叶林，是木材的主产地。

扫一扫，看视频

针叶树的特性

针叶树大多为松杉目的成员，松杉目有7科、68属，630种现存物种。常见的针叶树有雪松、红松、油松、黑松、白皮松、金钱松、圆柏、侧柏、刺柏、铺地柏、砂地柏、香柏、水杉、云杉、冷杉、青秆、白秆等。针叶树全部都是裸子植物，裸子植物的种子裸露，外层没有果皮包被，只存在于球果的硬鳞当中。

针叶树的木材被称为软木，由于质地较软，所以不适合用来制造家具，大多被用来制成纸浆。其中有些较硬的树种被用来做成木地板，如柏木、竹叶松、油杉、黄杉等，但由于木材质地较软，很容易磨损，因此商品价值不高。

针叶树具有生长缓慢、树形奇特的特征，很受园艺界喜爱，常被用来当成庭院观赏树和行道树等。此外，由于针叶树的比叶面积大、分泌物丰富、树皮又粗糙，因此可以吸附空气中的细小颗粒，也常常用于净化都市空气。近期还有研究指出，针叶树吸附PM2.5的能力比阔叶树强许多，因此许多有雾霾问题的城市也开始广泛种植针叶树。

松杉目植物谱系

裸子植物门 — 松杉纲 — 松杉目
- 松科
- 南洋杉科
- 罗汉松科
- 金松科
- 柏科
- 三尖杉科
- 红豆杉科

按照分类学来区分，松杉目只有一纲、一目，底下分成7科。常见的针叶树都是属于这7科。

会报气象的松果

在干燥的日子里，松果的鳞片会打开；如果空气潮湿或是快下雨的时候，松果的鳞片就会紧闭起来。这是因为空气干燥时，鳞片会因为干燥而变得较硬，而且又因为缺少水分，使鳞片基部的组织收缩起来，因此松果的鳞片就会一片片立起来，看起来就像打开一样；相反地，当空气变湿时，松果鳞片基部的组织就会因为吸收水分而变软，因此鳞片就会放松，而闭合起来。

叶落归根

用法：用来指客居他乡的人，年老以后终究要回到故乡。

何包是一个四海为家的生意人。他卖的东西品质佳、价格又便宜，因此很受各地区人们的喜爱。不过，走遍大江南北的他，却已经十几年没回家了。

一天，正要赶货去卖的何包在省城的一家客栈休息。突然，"嗨！何包！"身后传来惊喜的叫唤声，何包仔细一瞧，正是他打小一块儿玩的同乡好友。

两个人开心地吃饭聊天，老友跟何包说了很多故乡的事——村子里的那间小妈祖庙已经扩建成大庙了；当年，他们一起种下的小榕树，已经长成可以让人乘凉的大树了。何包听得很开心，却也惊觉自己已经好久没回家了。

思乡之情渐渐涌上何包的心头，他看到一片叶子从他面前飘过，最后缓缓地落在地上。那一瞬间，何包想通了一个道理：一片叶子就算飘得再久、再远，最终还是得落回到土壤上。

当夜，何包马上就收拾行李回家乡了。

> 叶子飘来飘去，最终还是要落回到土地上的。

科学教室

植物的一生

地球上有动物、植物、真菌、细菌和病毒等多种生物，其中，仅植物就有大约50万种。

就繁殖方式来说，植物指的是种子植物（被子植物、裸子植物）和孢子植物（主要包括藻类植物、苔藓植物和蕨类植物）。

植物的一生从种子或孢子（蕨类和苔藓类植物的种子）开始，随着环境的滋养，这些种子就渐渐发芽，长成了新的植物。种子植物会开出花来，并且结成果实和种子；孢子植物则会直接产生孢子。接着，这些种子或孢子再依靠风力、水力，或动物的力量，被带到其他地方，又重新开始新的一生。

种子植物

分为被子植物和裸子植物。苹果树、桃树、李树、路上看到的野花都是属于被子植物；松、柏、杉等为裸子植物。

蕨类植物

此类植物不会形成种子，不过它会在叶片背面形成孢子囊堆，里面有一颗颗孢子。

苔藓类植物

大多生长在潮湿阴暗的土壤、岩石或木头表面。它们的高度一般都不会高于10厘米，和蕨类一样会产生孢子。

开花植物的一生

只要我长大——种子如何发芽

种子萌发对植物来说是一件大事,因为它肩负着传宗接代的重大责任。不过,种子萌发可不是一件简单的事。虽然种子储存着许多养分,不过它必须在许多外在环境都符合的情况下,才能够"启动",萌发出新的根、茎和叶来。下面,我们就来瞧一瞧有哪些好朋友能帮助种子萌发吧!

春天是发芽的好时机!

温度
即使有适当的水分,如果没有适当的温度,种子也不会发芽。例如秋天播下的种子,要等到第二年春天才会开始发芽生长。

空(氧)气
种子发芽时,胚细胞的呼吸作用旺盛,需氧量大,以便将种子中的养分分解,并利用释放出来的能量进行发芽。

水
种子泡在水中,会因为吸收水分而膨胀,加速种子的发芽。

种子的结构

种子是由子房内的胚珠受精后发育而成。它的结构大致分为以下三个部分。

种皮：

被覆于种子外围，用来保护胚和胚乳的结构，有各种颜色和花纹。

胚：

胚是种子中最主要的部分，直到环境适宜时才会萌发，可以发育成植物的根、茎和叶。

胚乳：

种子储藏养分的地方。

双子叶植物

有两个子叶，因此可以分开成两瓣的模样。它们大部分没有胚乳，而由子叶直接供应养分给胚。

单子叶植物

只有一个子叶，而且它的子叶大多会退化成名为胚盘的构造。单子叶植物的子叶（胚盘）会从胚乳中吸收养分，供给胚生长。

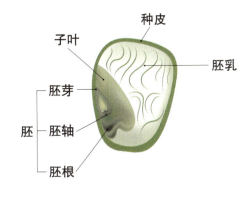

养分

种子没有能力从土壤中吸取养分，于是种子内的酶能将胚乳、子叶内的淀粉、蛋白质、脂肪等营养分解，以供应发芽之需。

阳光

有一种称为嫌光种子的植物，可以不需要阳光，如葱、胡瓜等。相反的，需要阳光的称为需光种子，如莴苣、烟草等。此外，日照时间的长短和次数，也会影响种子的萌芽。

盘根错节

用法： 比喻事情或关系等相互交织，纷繁复杂。

东汉年间，匈奴人不断侵犯中土，有一次，他们入侵了并州和凉州，眼见着士兵就快抵挡不住了。

此时一名叫作邓骘的大将军向汉安帝建议——放弃凉州，将全部军队移到并州，才可抵挡匈奴。大家都支持邓骘，只有虞诩一人反对，他说："陛下，臣认为凉州的士兵英勇善战，一定可以抵挡匈奴，所以万万不可以放弃他们。"

汉安帝采纳了虞诩的谏言，凉州军民果然击败了匈奴。不过，这件事却让邓骘怀恨在心，觉得虞诩抢了他的风头。

不久后，朝歌发生民变，邓骘就建议皇上让虞诩去平定民变。因为当时朝歌的民变非常严重，许多官员都被杀害，所以邓骘想趁机陷害虞诩。但就在同朝官员都劝告虞诩要格外小心时，虞诩却哈哈大笑说："放心吧！如果砍树时没砍到盘根错节的部位，又怎能显出这把斧头的锋利呢？"

后来，自信的虞诩果然不负众望，不仅平定了朝歌的民变，而且还赢得了邓骘的钦佩。

如果砍树时没砍到盘根错节的部位，又怎能显出这把斧头的锋利呢？

科学教室

我是最忠实的地下工作者。

扫一扫，看视频

默默付出的根

根是植物长在土地里的器官，虽然它不像花朵、叶片和树枝那般显眼，但对植物却是至关重要的——根有负责吸收土壤里水分和养分的功能，并具有支撑作用。

造成根能吸收水分的原因很多，而其中最主要的是靠"根压"。根压指的是根的渗透压。意思是说，由于根细胞里面的浓度比外在环境（土壤）里的浓度高，所以外在环境里的水分就会渗透进根部的细胞里。而矿物质或土壤中的养分会溶解在土壤里的水中，所以就会跟着水分一起被吸到植物体内。

植物根部的细胞都是特化过的细胞，它们的细胞壁比植物其他地方的细胞壁薄，这项特征可以让水分轻而易举地渗透进来。此外，根部细胞之间常常长着"原生质丝"这种构造，它可以让水分通过并自由穿梭在不同的细胞之间。

根部吸进来的水分最后会进到根部中柱里的木质部，接着再进一步运输到植物体内各处。

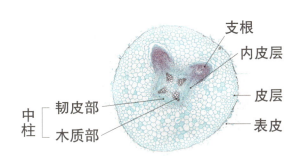

大豆根的横切面

根部的表皮细胞很薄，通常只有一两层而已，如此可以让水分较不受限制地进入。

奇根大观

植物的根除了吸收水分、养分，它还具有支撑植物体的功能。除此之外，因为植物生长在各种不同的环境中，所以植物的根也应环境和生活的需求，演变出各种形态。我们一起来看看有哪些奇特的根和它们各自的功能吧！

榕树

支持根

由接近地面处的主干上长出来的根，用于加强支撑植物。如榕树、玉米等。

呼吸根

生长在沼泽或海滨地区的植物，由于无法从土壤中获得足够的氧气，因此会长出暴露在泥沼表面的支根，以协助植物呼吸。这种根就称为呼吸根或直立呼吸根。如落羽松、海茄苳及其他红树林植物。

海茄苳

牛蒡

槲寄生

储藏根（块根）

由主根基部膨大而成，主要功能为储存大量养分，有利于度过恶劣的季节和环境。此外，储存根上还有大量的芽眼，植物可以从这些芽眼上长出新的植株来。如萝卜、甘薯、牛蒡等。

寄生根

有些植物的根会插入其他植物的组织内，吸收寄生植物的养分而生长。常见长有寄生根的植物为菟丝子和槲寄生。

蝴蝶兰

气生根

有些植物可以从茎的侧边直接长出根，并且让根直接暴露在空气中，这种根称为气生根。气生根除了可以吸收空气中的水分，还能攀缘在其他物体上。如榕树、蝴蝶兰等。

成根部的伙伴

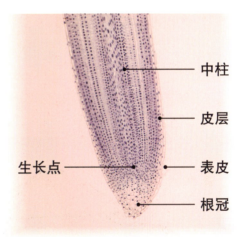

中柱 — 皮层 — 生长点 — 表皮 — 根冠

根的纵切面

由于根长在土里，为了避免被砂粒、石子摩擦，根在最前端会长出根冠，用以保护。而在根里面分别有生长点、皮层和中柱，生长点是根部负责分裂出新细胞的区域，皮层是一些支撑性的细胞，中柱里就有负责吸收水分的木质部和运输养分的韧皮部。

15

揠苗助长

用法：比喻违反事物的发展规律，急于求成，反而坏事。

在战国时代的宋国，有一个急性子的农夫，自从播种后，他每天都到田里去看秧苗的生长情况。他看到别人家的秧苗，长得比自家的高了一点点，就心急不已，想要让自己的秧苗长得更高更快。他苦苦思索了几天，突然灵机一动，下田去把所有秧苗都拔高了。他累得头昏眼花回到家，很高兴地对家人说："今天真把我给累坏了！现在大功告成了，我们的秧苗都长高了不少呢！"

他的儿子非常疑惑，就问他是怎么办到的。农夫回答说："我把每一棵秧苗都往上拔了一些，这样它们就都长高了。等几天后，我们去把它们再拔高一些。只要这样做几次，我看我们很快就可以收成了。"

他的儿子一听，连忙跑到田里一看，却发现秧苗都枯死了。

后来，人们就拿揠苗助长来形容人做事时，不按照事物的发展规律，而只顾着快点有收获，反而会把事情弄糟。

把它们拉高一点，让它们长快一些。

科学教室

植物为什么要长在土里

为什么农夫把秧苗拔离了土壤，秧苗就无法生长了呢？植物能不能长在石头里、空气中，或是水中呢？

的确有些植物演化出能在石头中、空气中和水中生长的能力，不过大部分植物还是选择泥土当作它们的家。这是因为植物生长需要水分和养分，而兼具两者并且容易取得的东西就是土壤了。

土壤因为它自身的物理特性，常常会与有机物质混合成胶性物质，简单来说，就是黏土。这种胶黏性大大增加了土壤吸附养分、留住水分的能力，因此很适合植物生长。此外，植物的根还会抓住土壤，并将它压缩成一团团小颗粒，借此稳固住自己。

岩豆是一种千斤拔属的植物。它可以活在岩石里，在中药用途上具有活血止痛之功效。

妈妈，为什么种植物之前要翻土啊？

翻土后，植物才能充分获得土壤里面的养分，才会长得好啊！

不用土壤的植物栽培法

"锄禾日当午,汗滴禾下土。"在我们印象中,农夫都在田地里辛勤地工作着。但现在有很多农夫,是不需要与土壤打交道的哦!

把植物的根放入水盆中,定期在水中注入营养液,供给农作物生长所需要的养分,这就是农业专家们研究出利用水来代替土壤种植的"水耕栽培法"。这样种出来的蔬菜和水果,味道特别鲜美。

除了水,我们也可以用沙砾、珍珠岩、蛭石、茸炭和陶粒,甚至碎玻璃来代替土壤,这些方法叫作"无土栽培法"。在没有土壤的阳台、屋顶,都可以用这种方法来种植,除了能节省土地,还可以美化环境呢!

然而,我们在无土栽培时,尽管提供植物水分、养分、空气和阳光,但是有些植物不如在土壤里生长那般健壮,这是为什么呢?

因为土壤对于植物来说，虽然最主要的功用是提供水分和养分，不过土壤里住了许多小生物，也对植物生长的好坏产生巨大的影响。

根据生物学家的统计，土壤里面有72000种以上的真菌、25000种线虫，以及3500种蚯蚓。这些生物分泌出来的化学物质，对植物的生长至关重要。以真菌来说，有许多松柏类植物必须靠真菌才能吸收土壤中的氮肥，如果将这些真菌全部移除，这类植物就无法好好生长了。

土壤里有蚯蚓、线虫、真菌，这些生物因子都是水耕栽培法中没有的。

改良的水耕栽培法

传统栽培法是将植物种在土里，水耕法则可以分为单纯水耕法，或在水层上面加上沙砾的水耕砾耕混合栽培法。

传统栽培法

水耕法

← 固定塑胶板

水耕砾耕混合法

← 沙砾
← 固定塑胶板

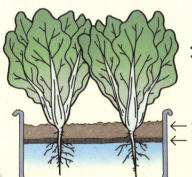

水耕蔬菜园底下是一道道水道，农夫可以依照植物不同生长阶段的需求，在里面加入营养液。

移花接木

用法： 比喻运用手段暗中更换人或事，以欺骗别人。

刘媒婆是村子里面最厉害的媒婆，无论是长得好看的、不好看的男女，在她的撮合下都能顺利结婚。

一天，一位名叫吴曲的驼背男子，拜托刘媒婆帮他找个老婆，刘媒婆爽快地答应了。过了几天，生有兔唇的小柔也求刘媒婆帮她找个如意郎君，刘媒婆想了想，也应允下来。

在刘媒婆的"巧妙"安排下，她让吴曲和小柔见面了，不过呢，是约在黄昏时分的北门外。刘媒婆让吴曲骑在马上，看起来就像自然地弯腰，完全看不出驼背；再让小柔用扇子遮住嘴巴，就看不出兔唇，只显得一副娇羞模样。

当天，在昏暗的光线下，加上巧妙的掩饰，男女双方都没发现对方身体的缺陷，而同意了这门亲事。

不过，就在结婚当天，当吴曲发现新娘子是兔唇时吓了一跳；新娘子看到吴曲的驼背，也嚷嚷起来。这又是刘媒婆移花接木下的一桩孽缘。

"移花接木"的小盆栽

移花接木指的是用手段更换人或事物以欺骗他人,但其实在我们生活中也常常能看到"移花接木"的情形哦!那就是小小的盆栽。

要怎么将原本生活在大地土壤中的植物,"搬"到室内来让我们欣赏呢?现在要教你一个简单的方法:

我们可以用饮料罐,或任何可以用来装土的容器当花盆。当我们取得花盆后,记得要在底下挖几个小洞,好让多余的水分流出。另外,还可以在这个花盆底下放一个小托盘,避免流出来的水弄脏了周围的环境。

接下来准备土壤和小碎石,铺在容器里。一般来说,营养丰富的土壤颜色较深,所以如果要到附近的小山丘挖土时,请挖颜色较深的泥土。此外,在铺上土壤前,最好在盆栽底下先铺一层碎石或小鹅卵石,这样可以帮助盆栽植物排水。

可以利用不用的杯子种豌豆。

最后,在土壤里种下你喜欢的植物,你可以去超市买植物种子,种出各式各样漂亮的花卉,也可以种下你吃水果时吐出来不要的种子,这样,大约几个月后,说不定就能吃上自己种的水果啰!

神奇植物繁殖方法

植物一定要从种子开始生长吗?

那可不一定哦!虽然所有植物都会产生种子或孢子,不过它们除了可以用种子繁殖,还可以用它们的根、茎、叶繁殖。有利用多余的蔬果就可以重新繁殖的块茎繁殖、块根繁殖,有培育或改良品种常用的扦插繁殖、嫁接繁殖,还有从叶子、树枝上繁殖的特殊方法,一起来瞧瞧这五花八门的植物栽培法吧!

块根繁殖

红薯和胡萝卜的根会膨胀成粗大的块根,只要切下一块含有芽眼的块根将其种到土里,就可以长成一棵新的植物。照片中可以看到胡萝卜的块根已经快要等不及长成一棵新的植物了,我们只要将胡萝卜根部其中的一个凸起切下来,种到土里,它就可以长成一根完整的大胡萝卜啰!

这人工义肢，挺不错的。

嫁接繁殖

用人工方法将两种不同的植物接合在一起的方式，称为嫁接。梨农常常利用嫁接的方式，将梨树的树枝嫁接到粗壮的杜梨树上，培育出又大又甜的水梨来。

扦插繁殖

将植物的茎或小树枝剪下来，再插入土中，它就又能长成新的个体来。这种繁殖法称为扦插。常见的适合扦插繁殖的植物有富贵竹、菊花、秋海棠、杨、柳和红杉等。

不定芽繁殖

落地生根这种植物可以用不定芽繁殖。当它的叶子上的幼小芽体在环境适合，或掉落到地上时，在它的叶缘凹陷处就会长出一棵棵新植株来。它也因为这个特性而得名。

空中压条法

压条法会将树枝刻伤或环状剥皮，在上面喷洒发根剂后，在外面裹上一层泥土。待树枝在泥土中长出根后，再将它切下移植，这样就有一棵新的植株了。

块茎繁殖

马铃薯的新芽会利用母薯的养分逐渐生长，每个新的地下茎又可以膨大长成新薯。

节外生枝

用法：比喻事情变得更复杂，在问题本身之外又岔出了新的问题。

"哎呀！糟糕了！"浩子不小心摔了一跤，打破了母亲嘱咐他去鸡舍收回的3个鸡蛋。担心母亲生气的浩子，急得一把鼻涕一把眼泪，跑去找朋友们出主意。

听完了浩子的"惨剧"，朋友们都劝他实话实说，好好跟母亲道歉，并答应陪着胆小的浩子一同前去，帮他壮胆。

然而，浩子实在担心会被母亲责骂，敌不过恐惧，他叫住了他的两个朋友，说他有别的方法："我觉得我们不如去张家鸡舍偷3个鸡蛋，这样一来不就没事了吗？"

朋友训斥他说："浩子，你不要再节外生枝，把实话告诉你妈妈不就得了。"

不过，后来两个朋友敌不过浩子一再哀求，就和他一起去偷张家的鸡蛋了。最后，他们行迹败露，偷鸡蛋时被逮个正着，整件事情越弄越糟。

茎的结构

茎是植物体中的主干,茎上着生叶的位置叫"节",节上叶腋处是茎干生长分枝的部位。植物发芽后,长出根、茎,再从茎旁生出枝条,长高、长粗,日趋复杂,所以才会用节外生枝来形容在事件之外多生事端。茎的主要功能是运输从根部吸上来的水分,以及运送叶片经光合作用制造出来的养分。简单来说,它就是植物不同器官间的沟通桥梁。其实,最古老的植物只有茎而已,如已经绝种的库氏裸蕨。后来,植物才为了适应环境而演化出特化的叶子和根。

茎里面用来运输水分和养分的结构称为维管束,它就像一根根长吸管一样,贯穿了整棵植物的根、茎、叶。不同植物维管束的排列方式不太相同,但一般来说,双子叶植物的维管束是排列成环状的,单子叶植物(如水稻、小麦、玉米和兰花等)的维管束是散生排列的。

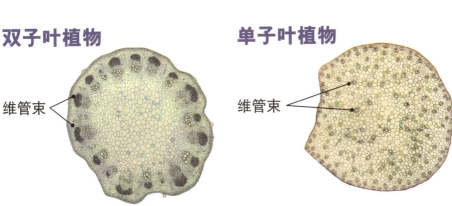

双子叶植物　　**单子叶植物**

维管束　　维管束

双子叶植物老旧的木质部会变成木材向内堆积,而让植物的茎越来越粗,但单子叶植物的茎则不会加粗。

库氏裸蕨是最古老的植物,它只有茎,没有叶子和根。它的茎中有叶绿素可以行光合作用,茎的底部也可以吸水。现在这种植物已经绝种。

变形"茎"刚

植物的茎有许多种生长方式,如竹子的茎很坚硬结实,但却细细长长的;榕树的茎长成了树干,而且还会不断加粗。有的植物为了适应不同的环境,演化出不同的生长形态,下面我们就来瞧瞧有哪些不同种类的茎,以及它们各有什么特殊的功能吧!

球茎
芋头的地下茎能储存养分,称为球茎。它和块茎的不同在于茎上的芽数,球茎有一定数量的芽,块茎芽的数量就不定。

鳞茎
百合的地下茎,它看起来像鳞片一样,因而得名。将一片一片鳞茎种在土里,会分别长出新的根叶来。

缠绕茎

缠绕茎自己没有能力站起来,我们将其称为藤或蔓。如牵牛花的茎就是以缠绕的方式,固定在其他植物或物体上生长。

匍匐茎

草莓、水芹菜等会横向长出细枝,这些枝条可以长出不定根或不定芽,称为匍匐茎。

块茎

马铃薯的地下茎可以储存养分,还可以繁衍后代,称为块茎。

肉质茎

仙人掌科植物的茎肉质,肥厚多汁,其中还有大量的叶绿素,可以进行光合作用。

万紫千红

用法： 形容春天百花盛开的情景。

女夷是掌管人间百花的花神。照理说，她应该在春天来临时，到人间撒下花种子，好为人间带来蓬勃的生气。没想到这年女夷却缺席了，原来是因为"春眠不觉晓"，慵懒的春天里，连花神都赖床不肯出门播撒花种呢！

还好，最后在焦急的风神南风的劝说下，女夷才勉强出门了。

不过，女夷依旧不改懒惰的个性，只在人间撒下了白色的花种，就交差了事，又溜回家休息去了。

不久之后，人间果然开出了花来。不过，这年却只有白花盛开，往年那些黄色、红色、蓝色、紫色的花朵，全都不见了。人们等了又等，仍不见各色花朵绽放的迹象，真是失望极了，纷纷埋怨起懒惰的花神。

"现在快撒其他花种，还来得及。"挨骂的花神正在反省时，风神南风鼓励她。于是她又再度出门，在人间撒下百花花种，让大地又恢复成一片万紫千红的模样，人们也再次歌颂起花神的恩赐。

花的颜色是怎么形成的

自然界里的花朵不仅形态各异，颜色也是五彩缤纷。究竟，花朵的颜色是怎么形成的呢？

构成花朵颜色最主要的色素称为花青素。它主要分布在花细胞的液泡中，控制着花的颜色变化。花青素在不同的酸碱环境中，所呈现出来的颜色不太相同。液泡呈酸性，颜色呈现深红色；液泡呈碱性，所以就呈现出蓝色。

此外，影响花朵颜色的色素还有类胡萝卜素、叶绿素和甜菜色素等。花朵之所以看起来五彩缤纷，主要是因为不同植物花朵内的色素成分和比例都不同所造成的。至于白花，那是因为这些花的细胞液泡里不含色素的原因。而绿色花，则是含有叶绿素的缘故。

我可不是被晒伤了，是身上有胡萝卜素的缘故啦！

我的黄色也是因为胡萝卜素哦！

枫树

枫叶为什么会变红

秋天时，枫叶会由绿转红，构成山林间的一大美景。不过，究竟是什么因素让枫树的叶子在秋天时变成红色呢？

这是因为枫叶里的色素除了有能够进行光合作用的叶绿素，还有叶黄素、胡萝卜素和花青素。由于枫叶里色素的比例不同，造成叶片颜色的改变。

春天和夏天时，叶绿素不断生成，在叶子中的含量比其他色素要丰富得多，因此枫叶呈现出绿色。但是到了秋天，夜晚的低温会阻碍叶绿素的合成，但是

春夏 叶绿素在春夏时会不断生成,所以叶子呈现绿色。

秋冬 叶绿素在秋冬时不再生成并被降解,所以叶子就呈现出其他红黄色素的颜色了。

枫树

白桦

白桦树叶会变成褐黄色、枫树叶会变成橘红色或亮黄色,构成了秋天五彩缤纷的浪漫景致。

叶黄素、胡萝卜素、花青素就相对稳定。所以枫叶里的叶绿素越来越少,就显示出叶黄素、胡萝卜素和花青素的颜色了。

秋天,植物在落叶时,体内的植物激素脱落酸产生作用使叶片与植株体间产生离层,被风一吹,细胞间产生分离,由此叶片就脱落了。

除了枫叶在秋天时会转红,其他如槭树、山毛榉、银杏和白杨树等在秋天时,叶子也会变色。只是不同植物所含的植物色素比例不同,因此就会转变成不同颜色。

红花绿叶

用法：比喻两物在相互映衬下，更显出彼此的特色。

在一个山脚下，那儿的花朵和叶子是分开生长的。因为鲜艳的花朵们认为，叶子们没有漂亮的色彩，而不愿意跟他们在一起；而叶子们也认为花朵的态度很做作，也不愿意跟他们待在一块儿。

虽然，住在附近的小虫子们都劝花朵和叶子们好好相处，但都被恶狠狠地拒绝了。这样就造成了这个山脚下一边是红红黄黄，一边是绿油油的模样，看起来非常难看，就连小鸟们也不愿意停下来休息了。

一天，天上的风神看不过去了，于是他用力地对着这些花朵和叶子们吹风。强风逼迫着花朵和叶子们必须靠在一起，才能抵挡。几阵强风之后，这些花朵和叶子就又长在一起了。

这些花叶原本还很不习惯长在一起的感觉，但是天上的小鸟说："哇！这片山脚到处是红花绿叶，好漂亮啊！"然后就落下来休息了。在那一瞬间，花朵和叶子们才惊觉到，原来他们靠在一起才是最漂亮的，因此就重修旧好住在一起了。

为什么叶子有不同的大小

叶子是植物体内最重要的"营养器官",它能够行使光合作用,提供植物需要的养分。此外,叶子表面(一般是下表面)还有一个个的气孔,它可以帮助植物排出水分和进行气体交换。排出水分会让水分在植物体内流动,可以帮助根部吸收新的水分和矿物质上来。不过,我们可以注意到,不同植物的叶子大小,都不尽相同,这是为什么呢?不是越大就能制造更多的养分吗?

事实上,叶子的大小和它所处的环境有关。虽然大片的叶子行使光合作用的能力较强,但同时蒸散水分的能力也较强。所以大叶子更适合在潮湿的环境中生长。相反地,小片叶子虽然行使光合作用的能力弱,但它可以帮助植物体保有较多的水分。

所以整体而言,热带植物的叶子较宽大,是为了更多地接受阳光进行光合作用,同时因为热带较为潮湿,可以进行更大蒸腾作用带走更多的水分和多余的热量;寒带及沙漠地区的叶子较小。其中,在沙漠的代表性植物——仙人掌,它的叶子退化成针状,其目的就是要保有更多的水分。

植物叶子上的气孔,可以用来排出水分和进行气体交换。

热带阔叶林

寒带针叶林

挡不住的魅力——花的诱虫

植物的传粉是繁衍后代最重要的一环，在这个过程中，雄蕊的花粉会飘到雌蕊的柱头，然后伸出花粉管，完成受精的作用。其后，受精卵才能结出具有生殖能力的种子来。

植物依照不同的传粉方法可以分为风媒花和虫媒花等。风媒花是靠着风力将花粉吹到柱头上的。所以，为了增加花粉到达柱头的概率，这种花都会产生大量的花粉，如松柏类、杨柳树和玉米等。虫媒花的植物则不然，它们的花需要具备个头大、鲜艳和有香味等特性，其目的就是希望吸引小虫或蜂鸟来访问，接着花粉将沾在小虫或蜂鸟身上，再借由这些小动物将花粉带到雌蕊的柱头上。一般我们看到很漂亮的或是具有芳香味的花朵，都属于此类。不过，为了吸引更多的小动物造访，有许多花还演化出了许多不一样的诱虫方式哦，一起来瞧瞧吧！

用苞片当作花的圣诞红

事实上，圣诞红的花很小，所以它为了吸引昆虫，就让花朵周围的苞片变得红艳。所以我们看到圣诞红的"红花"，其实是它的苞片。

哎哟！谁打了我一下？

当心啊！

沿着标示走，准没错。

有蜜吗？

强迫受粉的鼠尾草

鼠尾草花朵的结构非常特别，当小昆虫钻到里面采花蜜时，就会牵动上唇瓣的雄蕊，正好打中昆虫的背部，强迫小昆虫帮它传粉。

奇臭无比的大王花

大部分的花都是利用美丽的花朵和芬芳的味道来吸引小昆虫帮它传粉，但是生长于印尼苏门达腊的大王花却选择以"臭味"来吸引小昆虫。这种闻起来如腐烂尸体的味道当然吸引不了蜜蜂和蝴蝶，不过它却可以吸引爱好此味的苍蝇来帮它传粉。

帮昆虫指路的三色堇

三色堇为了帮助昆虫可以更快速地找到它的花蜜，演化出将雄蕊排列成箭头指向中间的雌蕊，目的就是要让小昆虫沿着箭头走，将花粉带到中间的雌蕊柱头。

华而不实

用法：比喻外表好看，而没有实际内涵或用处。

在一片湖边，开了许多漂亮的花。照理说，这些花应该在春天开花、秋天结果，然后在来年春天，果实掉到泥土里，再长出一棵新的植物来。不过，有一株骄傲的花却很不服气这种自然法则，它对其他的花说："看哪！我们这么漂亮，为什么要为了结果而让自己变丑呢？我想要漂亮一辈子。"

虽然其他的花都劝它不要这么做，但它依然坚持，到了秋天还是持续绽放。秋天时，这朵骄傲的花还嘲笑其他花说："哈哈哈，看你们现在有多丑，我现在是整个湖边最漂亮的花了。"

冬天来临了，这朵花也敌不过北风的吹袭，漂亮地死去了。到了第二年春天，一只土拨鼠刚冬眠完，从土里钻出来找食物。它开心地吃着掉在泥土上的果实，看着这朵枯萎的花说："这朵花曾经这么漂亮，却一颗果实也没有，真是没用。"

花的结构

一般我们看到花朵时，只会注意到花朵外面最鲜艳的花瓣。不过，事实上，花朵是负责植物生殖繁衍的重要器官，它内部的各个构造对植物的繁育都非常重要。接下来就让我们来瞧瞧植物的花里有哪些器官吧！

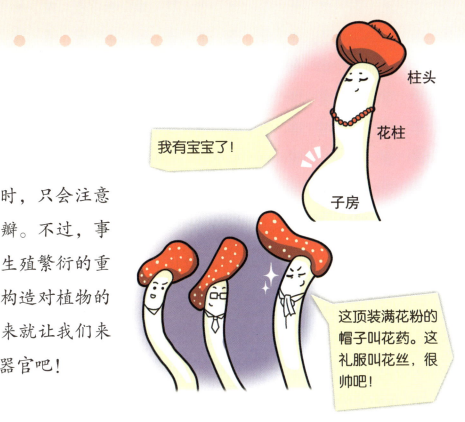

我有宝宝了！

柱头
花柱
子房

这顶装满花粉的帽子叫花药。这礼服叫花丝，很帅吧！

雄蕊
雄蕊由花丝和花药组成，它就像植物中爸爸的角色。花药上布满了花粉，当风吹或昆虫采蜜接触时，这些花粉就会掉落，随着风或借由昆虫的身体，跑到雌蕊的柱头上。

雌蕊
雌蕊是由花柱、柱头和子房所组成的器官。它在植物中扮演的是妈妈的角色。它的柱头上会分泌黏液，可以粘住由雄蕊飘过来的花粉。雌蕊的下部有子房，它就像妈妈的肚子一样，可以蕴育下一代的种子。

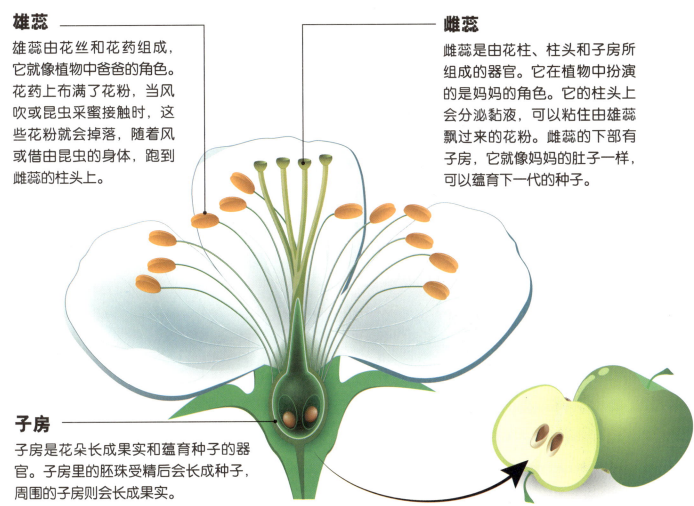

子房
子房是花朵长成果实和蕴育种子的器官。子房里的胚珠受精后会长成种子，周围的子房则会长成果实。

植物爱情故事

动物在繁衍后代时，雄性的精子会和雌性的卵子结合成受精卵，随后发育成胚胎，接着长成下一代的个体。植物也和动物一样，只是它们的受精作用并不只是单纯地让花粉粘到雌蕊的柱头上而已，它还有许多后续的爱情故事，一起来瞧瞧吧！

花粉粒粘到雌蕊的柱头上之后，精子和卵子还未结合，这只是一切的开端。粘上柱头的花粉会受到环境信号刺激而长出花粉管，这条细细的管子会经过花柱，一路伸到子房里的胚珠旁。紧接着，精子再从花粉管中释放到胚珠里，和胚珠里的卵子结合。

植物有雄蕊和雌蕊，有些花的雄蕊和雌蕊在同一朵花里面，称为两性花，如朱槿、百合等；有些花的雄蕊和雌蕊在不同的花里面，称为单性花，分为雄花和雌花，如面包树、黄瓜和枫香等。

值得一提的是，一般植物的花粉管里的两颗精子，一颗和卵子结合，另一颗和胚珠里的"极细胞"结合。与卵子结合的精子会和卵子一起发育成种胚，也就是种子中可以长成另一株新植物的部分；而另一颗和极细胞结合的精子则会和极细胞一起发育成胚乳。胚乳并不具有繁殖能力，但它可以储存养分供受精卵吸收使用。

植物双受精的好处

植物的花粉管中产生两颗精子，并且分别与卵子和极细胞结合，发育成胚和胚乳，这个过程称为"双受精"。双受精可以保证发育中的胚有同步成长的胚乳的养分可以使用。反过来看，如果一朵花没有受粉，则没有任何受精作用发生，胚和胚乳都不会形成，如此可以防止植物将养分浪费在不孕的胚珠上。

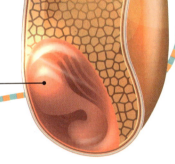

稻米　胚乳　胚

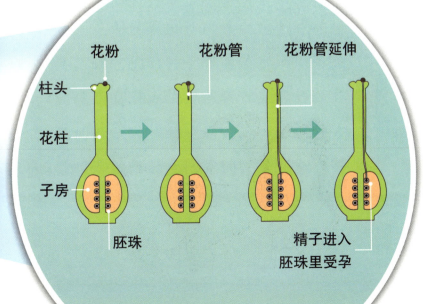

花粉和花粉管

花粉粘到雌蕊的柱头上后，会长出花粉管，花粉管会延伸到子房里的胚珠中。柱头上可以粘好几颗花粉，并且延伸到不同的胚珠里。一颗胚珠可以发育成一粒种子，而外面的子房则会膨大成包覆种子的果实，如木瓜或李子的果肉。

昙花一现

用法： 比喻稀有、美好的事物，出现不久就消逝。

赵千是一位住在破庙里的穷书生，平生除了读书没有别的兴趣。一天，他在街上看到一位如花似玉的姑娘，深深被她吸引，他鼓起勇气上前询问姑娘的芳名，才知道对方是李家的大小姐，叫作李桂儿。

虽然赵千家很穷，又还没考得功名，但李桂儿很欣赏赵千的文采，两人很快陷入了热恋之中。赵千常常会翻上李家的围墙递书信给李桂儿。一天，桂儿看到赵千递来的信上写道："明晚灞桥边，月下赏花如何？"隔天，她就如期赴约了。

不过，桂儿心里还有些许疑惑——月下只是漆黑一片，哪儿来的花可赏呢？待两人聊到了深夜时，赵千带桂儿来到一丛植物前面，这株植物上还结着白色的花苞。原来赵千要给桂儿看的就是昙花开放，花前月下，两人都深深沉醉在其中了。

只可惜两人彼此相许的心意不被长辈所接受。桂儿的母亲发现他们私下交往的情况后，就跟赵千说，桂儿已许配给马家的少爷了，请赵千不要再来打扰。悲伤的赵千又回到破庙，他哀叹自己的这段感情也像昙花一现一样，如此地短暂。

千变万化的仙人掌科植物

一般我们提到仙人掌,想到的一定是全身长满了刺,生活在沙漠里的植物。不过,事实上仙人掌科植物的成员并不只有这些哦!被当作水果食用的"火龙果",以及有"月下美人"之称的昙花,都是属于仙人掌科的植物。

火龙果和昙花都具有耐旱、耐热的特质。不过,一般在栽培火龙果和昙花时,反而会给予它们充足的水分,并且加强遮阴。因为在这样的环境下,火龙果和昙花才能开花结果,否则它们就只会长茎和叶子的部分。

火龙果也是在夜间开花,只是它的花并不像昙花一样有香味。火龙果从开花到果实成熟大约需要30天,起先果实是绿色的,待它的果实由绿转红,即可采收。火龙果的果肉富含纤维,并包含多种维他命及镁、锌、铁、磷等矿物质,又具有降火的功效,是适合夏天食用的水果。

仙人掌、火龙果虽然看起来形态各异,但它们都是属于仙人掌科的植物。

神秘的月下美人——昙花

昙花是仙人掌科昙花属的附生植物，它的形态看起来就像粗的藤蔓一样，必须附生在木头或人造支架上才能长得好。昙花的叶子和其他仙人掌一样，都已经退化成针状。我们看到昙花的绿色部分是它的茎，里面含有丰富的叶绿素可以帮助它进行光合作用。这种看起来像叶子的茎，我们称为"叶状茎"。

虽然昙花植株可以活在干旱、土壤贫瘠的沙地上，不过，如果要种出能够开花的植物，还是得给予足够的肥料和水分。此外，还得注意避免昙花植株直接被太阳直射，温度要维持在15℃~25℃，春夏季夜间温度要降到16℃~18℃，方能开出花来。

昙花

我讨厌和太阳打交道。

夜里开花的植物

大部分的植物都是在白天开花，其目的是为了吸引小昆虫帮它们传粉。不过，仍有一些昆虫是在夜间活动的，所以也有一些花是在夜里开花。

在夜里开花的植物大多会释放香气来吸引昆虫，常见的夜间开花植物有夜来香、月见草、紫茉莉、穗花棋盘脚等。其中，穗花棋盘脚的花瓣非常小，雄蕊和雌蕊又非常长，看起来就像绽放的烟火，加上又是在6~8月开花，所以又被称为"夏夜的烟火"。

昙花大多在5~11月的夜间开花，花朵很大，最大的直径可以达到30厘米。此外，它的花朵具有清新的香味，因而有"月下美人"的称呼。

不同的昙花种类有不同的花形，有的呈吊钟状，有的呈杯状。虽然昙花很美又很香，不过它的生命周期极短，它从开花到枯萎只有4~5个小时而已。昙花不仅是一种美丽的花，还可以入药，在晒干煮成汤后，可以防治高血压、高血脂，很适合老人食用。此外，用昙花冲泡的昙花茶还可以清热止咳，治疗长期咳嗽的毛病。

穗花棋盘脚的花到了白天就会逐渐枯萎掉落，所以我们在白天都看不到它的花了。

藕断丝连

用法： 比喻表面上好像已断绝关系，实际上仍然牵挂着。

自从柳思卿娶了柔娘之后，柳老太太就越来越不开心了。因为柳思卿跟柔娘的感情非常好，柳思卿还会时常给柔娘送礼物，柳老太太觉得自己被儿子冷落了，因此看柔娘也越来越不顺眼。

柳老太太从家中琐事开始挑剔柔娘——莲子汤煮得不好喝、绣的花也很丑等。后来，她更变本加厉，要求柔娘去做长工的粗重工作。

纵使柔娘百依百顺地服从柳老太太，却还是得不到她的欢心，最后柳老太太还是成功地逼迫柳思卿休妻，打算帮他再找另一个媳妇。

柳思卿失去了柔娘后非常伤心，并且拒绝了媒婆提的任何亲事。思念柔娘的他，还会常常托人送东西和礼物给柔娘。

一天，他收到了来自柔娘的信和一个小盒子。小盒子里面装了一截被切成两段的莲藕，中间还牵连着丝。柔娘寄来的信里写道："虽然我们分开了，但思念彼此的心意就像藕丝般虽断犹连。"

荷花、莲花和睡莲有什么不同

夏季时分，满池的荷花纷纷绽放，粉红色的花朵挺水而立，荷叶绵延，吸引着过路人驻足欣赏。许多文人骚客也都以荷为题，留下了不少经典的作品。但为什么有人称它为莲花呢？荷花和莲花究竟有什么不同？

事实上，荷花就是莲花。但是莲花和睡莲可就不同了，它们属于不同科的植物，莲花属于莲科莲属，睡莲则为睡莲科睡莲属。

就外观来看，莲花常常会挺出水面。但是睡莲则不论水位高低，它的叶片都是紧贴在水面上的。此外，莲花凋谢后会结莲蓬和莲子，底下的地下茎则会长成莲藕，但是睡莲都不会长出这些构造。

扫一扫，看视频

荷花（莲花）

睡莲

从头到脚都有用的荷花

自秦汉以来,人们就将荷花作为滋补药用,算算将其药用的历史也已经有2000年以上了。根据明朝李时珍所写的《本草纲目》记载,荷花的莲子、莲蓬、荷叶、荷梗、莲藕都可以入药食用。

《本草纲目》里面说,荷花可以疏通血管,预防心血管疾病;莲子可以补肾,有利于泌尿系统;荷叶可以清心养肺,还有减肥效用;莲藕不但能补血、整肠,还具有舒缓神经等多项功效。

不过,说了这么多,最令人困惑的是上述这些名词到底指的是荷花的哪些部位啊?它们又分别负责哪些生理功能呢?让我们一起来瞧瞧吧!

荷叶
荷叶很大,叶片边缘一般会有个小缺口,古代人会用它来包裹食物。荷叶底下的叶柄含有刺毛,可以防止鱼或田螺咬食。

荷花
荷花的花有花瓣、花托、雄蕊和雌蕊,而底下用来支撑荷花的部位被称为花柄,并不是茎。

莲蓬
荷花花瓣脱落后,花托的部分会膨大,就成了蜂窝状的莲蓬。

莲子
莲蓬里长着一颗颗的莲子,它们就是荷花的种子。

莲藕
莲藕才是荷花的茎,它深藏在土里,具有储存养分的功能。在荷花的叶柄和莲藕上都有一个个圆形的气孔,可以将外面的空气导入茎里,帮助莲藕换气。

莲叶效应

瞧!莲叶上有一颗颗晶亮的小水珠,当风吹来时,这些小水珠就会在莲叶上滚来滚去,甚至滚离叶面。咦,奇怪!为什么这些小水珠不会沾在莲叶上呢?

科学家称这种现象为"莲叶效应",这是因为莲叶表面看似平滑,但其实叶片上长了许多细小的纤毛。这些纤毛会将小水珠往上撑离叶面,再加上水分子有聚在一起的特性,所以就形成一颗颗小水珠喽!科学家也将这种现象应用于制作防水布料上,由于这种布料上面也有小纤毛,因此水分子就不会附着上去。

一叶知秋

用法： 比喻发现一点儿预兆就料到事物发展的趋向。

战国末年有一位住在深山里的隐士，名叫天机子。他在家附近开垦了一块小田地，除了下山买日常用品，其余时间都不下山。

一天，一位叫作赵政的赵国贵族，跑到山上来散心，听到附近的人说，这座山上有个隐士，就前来察看。赵政和天机子聊天的过程中，他发现虽然天机子很少下山，却知道天下大事，而且还能够推测未来将会发生的事情，他不禁好奇地问："先生不用下山，却能知道天下事，莫非先生是神仙，或是通晓厉害的占卜之术？"

这时候，只见天机子哈哈大笑说："我既不是神仙，也不懂占卜，我只是会从细微的迹象中，推敲出事情后续的发展和结果。就像我们看到叶子落下，就知道秋天来临了，天气会越来越冷一样。而当我看到秦国灭了韩国之后，就知道赵国也难以保全了。先生，听我一句劝，不要回国，在这住下吧！"

不久后，秦国果然灭了赵国，接着又陆陆续续灭了其他国家。

> 你是神仙吗，还是通晓占卜之术？

科学教室

叶子为什么会掉落

秋天时，有些植物的叶子会脱离枝干而掉落，这是为什么呢？

这是因为秋天白昼变短、气温下降，造成植物体内分泌的激素改变。其中一种激素叫作"脱落酸"，在秋冬的时候会越来越多。

脱落酸可以关闭叶子的气孔，减少水分蒸发，还会让叶子在叶柄的部分产生一层容易分离的地带，称为"离层"。在离层产生以前，会先在离层的周围产生保护细胞，以免叶子脱落后，断裂的伤口部分受到细菌的感染。

"掉叶子"对植物度冬非常重要，除了可以减少水分蒸发，对温带地区的植物来说，减少叶子还可以防止结冰。因为结冰对植物的危害非常大，冰晶可能会穿破植物细胞，而造成坏死。

除了秋天的落叶，叶子老化和果实成熟后也会自然掉落，这都是因为有离层的缘故。

离层

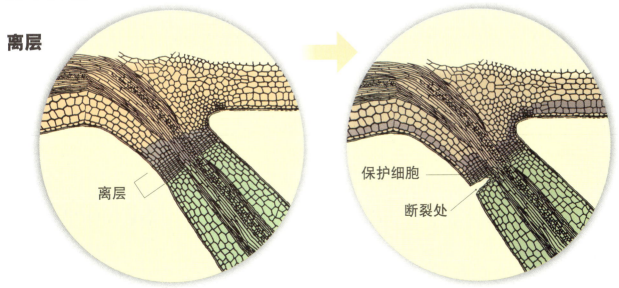

49

植物有哪些激素

植物在生长的过程中，和动物一样，都需要一些激素来调节生长。这些激素中最主要的有五种，分别是生长素、赤霉素、细胞分裂素、脱落酸和乙烯。

① 生长素

顾名思义就是可以帮助植物生长的激素，它在植物的茎顶和根尖生成，再由茎干运输到植物体各处。生长素可以用人工合成，在移植或嫁接植物时，都会在植物根部或嫁接处喷洒生长素，借此提高存活率。

② 赤霉素

可以使植物的茎抽长。葡萄果串上常会喷洒激勃素，因为抽长的茎可以结出更多葡萄，而且较为通风，也可以让葡萄长得更好。

③ 细胞分裂素

可以促进植物细胞分裂，并且分化成不同的部分，如根、茎、叶。近代的植物组织培养，就是利用细胞分裂素而达成的。

④ 脱落酸

可以帮助植物产生离层，还可以引发种子休眠。在要保存很久的种子上洒一些脱落酸，以延长保存期限。

⑤ 乙烯

是一种气体激素，它会散布到植物体外，影响该株植物和邻近的植物。它能促进果实成熟、老化。在农业上会用它来催熟香蕉、凤梨。

天涯何处无芳草

用法： 比喻人不必贪恋一个固定的人或事物。

布其是一只居无定所、浪迹天涯的小松鼠。它喜欢到处旅行，并且把它旅行中的趣闻跟不同的人分享。

一天，布其在路上看到一朵极其美丽的花朵。它心想："哇！天底下怎么会有这么美丽的花啊！"它上前和花小姐打招呼，口沫横飞地说着自己的冒险事迹。虽然花小姐一开始都不理它，但后来还是被布其的故事打动，开心地笑了起来。于是，布其就在这朵花身旁住了下来，并且天天讲故事给它听。

不要垂头丧气！

有一天，花小姐对布其说："布其，你快走吧！我到秋天就会枯萎，不能陪你太久的。"布其大吃一惊，但却不肯离去，决心要保护花小姐度过这个冬天。

只是，事与愿违。冬天来了之后，花小姐还是枯萎死去了。就在布其抱着死去的花小姐痛哭流涕时，住在附近的一棵大树跟布其说："既然花都谢了，天涯何处无芳草，你还是继续旅行去欣赏别的风景吧！"

听了大树的劝告后，布其又背起背包继续旅行了。

奇叶怪草大集合

"草"是植物的叶子部分。通常被称为"草"的植物是因为它的茎很短，且没有加粗的能力，因此整株植物看起来就只有绿色的草。

虽然这些草看起来都绿油油的，没有多大差别，不过，有许多"草"有其特殊的构造和功能哦！一起来瞧瞧吧！

猪笼草

这种"草"有一般的叶子和特殊的"食虫叶"。食虫叶会分泌蜜汁来吸引小虫，一旦小虫跑进去了之后，它就会分泌消化液来分解小虫，并且将小虫当养分吸收掉。

咬人猫

这种植物的叶子上长满了刺毛，而且刺毛上有大量的蚁酸，一旦误触了它，就会疼痛不已。这种构造可以避免它被草食性动物吃掉。

夏枯草

是一种生长季节和其他植物不一样的草。一般植物在春夏时期，是生长最旺盛的时期，但夏枯草在夏天却会枯萎，因而有"夏枯草"之名。

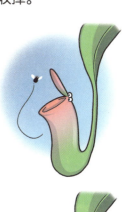

有虫吃大餐，没虫就吃素。

认识常见的野草

你有没有在你家附近的空地上或小公园里,观察过野花野草呢?看起来绿油油的一片草地,其实可能有许多种类的野草生长在一起呢。你认识几种野草呢?现在一起来看看这些常见的野草吧!

鬼针草

它的果实有刺,常常会钩在我们的衣裤上,这可是它赖以传播种子的途径呢!鬼针草有许多功用,它的嫩叶可供动物和人类食用,用它来泡茶,不但味道甘甜,还具有清热、解毒、治疗感冒的效果。

山香

又叫"逼死蛇"。因为它的叶子具有解毒的功用,所以如果有人不小心被毒蛇咬伤,可以先涂一些山香暂时缓解。此外,山香的果实就是"山粉圆",它也具有帮助肠胃蠕动、解毒等疗效。

龙葵

又名"黑姑娘",因为它的果实是一颗颗黑色的浆果(汁液较多的果实)。龙葵的果实可以直接生吃,但是它的叶子含有龙葵碱,如果误食了会让人头痛、恶心、呕吐。不过,如果将它的叶子煮熟了再吃,则具有治疗近视、降低血压、治疗跌打损伤的功效。

昭和草

又叫"救荒草""神仙草",它的叶子具有绒毛,花为红色,会结出带有白毛的小种子,它从花到叶都可以食用,登山者常常拿它来当作应急的食物。此外,又由于它的味道跟多汁的茼蒿很像,所以又有"野茼蒿"之称。

种瓜得瓜，种豆得豆

用法：比喻造什么因，就得什么果。

阿喜和阿海是邻居，两个人各有一块田地耕种。阿喜每天鸡刚打鸣就到田里耕作，阿海却常常睡到日上三竿都还没出门。

眼见着阿海的田地越来越干枯，植物越长越差，阿喜终于看不下去了。一天，他在工作之余，特意抽空回村子里找阿海，想把田地的事跟他说。没想到阿喜回到村子之后，看见阿海在市场上跟别人赌博，阿喜又急又气地责骂阿海说："你这样不顾田地，田地里的植物都快枯死了。"

阿海却满不在乎地回应阿喜："你烦不烦啊！管得也太多了。"接着又继续跟别人赌博。

一整个夏天过去了，秋天到了。阿喜的蔬菜在他的悉心照料下，果然长得又嫩又大，很受街坊邻居的喜爱。不过阿海田里的蔬果却长得干干扁扁，一副营养不良的样子，根本没人想买。

人们不仅不同情阿海，还跟他说："种瓜得瓜，种豆得豆，还是回去好好耕种吧！"

科学教室

豌豆园里的生物学家

"种瓜得瓜,种豆得豆"是人们自古以来就知道的事情。不过,万一这种瓜或这种豆还有许多模样,如豌豆的茎有高茎种和矮茎种,那么它们杂交之后产生的后代,又是什么样子呢?

19世纪奥地利的一位名叫孟德尔的神父,解决了这个问题。他是一名农家子弟,从小就得在果园里帮忙,这对孟德尔选用植物来研究遗传学是非常重要的因素。

从1854年开始,孟德尔开始在修道院里用豌豆研究遗传学。他一开始提出的问题和我们提出的一样,高茎的豌豆和高茎的豌豆杂交后,会繁育出高茎的豌豆;矮茎的豌豆亦然。如果将高茎

孟德尔棋盘方格法

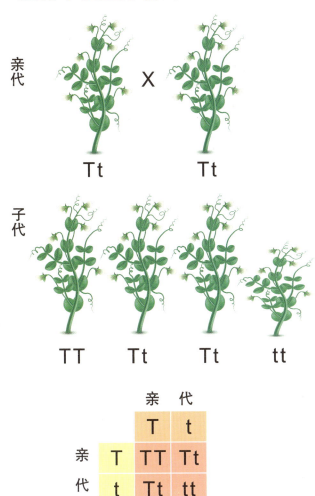

孟德尔棋盘方格法就是将两个亲代的基因型,分别写在棋盘格的两侧,再互相凑成对,就是子代的基因型啰!

的豌豆和矮茎的豌豆杂交,它们繁育的后代会是高茎还是矮茎呢?

孟德尔花了14年研究豌豆的遗传学,他也发明了用棋盘格来推算后代样子的方法。这项研究结果延续到今天都是正确的,孟德尔也因此被称为"遗传学之父"。

遗传学大观

父母会将他们的长相特征遗传给孩子，所以才会有人说孩子的眼睛像爸爸，鼻子像妈妈等。我们也发现，同一个家族的人长相都比较接近，这就是遗传的力量。

不过，遗传学除了探讨长相特征的遗传，还探讨一切从上一代传到下一代的特征，包含遗传疾病和性别等。这些遗传方法和孟德尔的棋盘格式遗传学不尽相同，让我们一起来看看这些东西是如何遗传的吧！

先天与后天

虽然遗传是靠着父母亲给的DNA而来，不过还是会受到后天环境的影响。暹罗猫体内有一组控制毛色的DNA，受热时会发生突变，因此，即使控制毛色的DNA都是一样的，但猫的胸部和肚子温度比较热，所以这组DNA就会突变，而产生较浅的毛色；相反地，头、尾巴、四肢的温度较低，DNA不突变，就产生较深的毛色来。

男生或女生

在人体中有一对很特别的染色体称为"性染色体"，它决定了我们是男生还是女生。女生的性染色体为XX的基因型，男生的性染色体为XY的基因型。当我们的父母亲结合时，母亲会产生X或X的卵子（其实是一样的），父亲会产生X或Y的精子。而当母亲的X卵子和父亲的X精子结合后，就会产生XX的后代，她和母亲一样是女生；相反地，如果X卵子和Y精子结合，则会产生XY的后代，就是男生喽！

我都看不清楚圆形里面的数字。
哎！谁叫我是男生。

性联遗传

人类有些遗传性疾病的基因是坐落在性染色体上的，如红绿色盲、血友病和蚕豆症等，而且这些遗传性疾病的基因大多数是隐性的，所以只要另一个染色体上相对的基因是正常的，这个人仍不会显现出这种遗传疾病。不过，由于男生的性染色体是 XY，并无另一个 X 可以补充缺陷，所以只要 X 上有遗传性疾病的基因，这个男生就会发病。这也是为什么男生患红绿色盲、血友病、蚕豆症的比例比女生高的原因。

血型

人类的血型有 A 型、B 型、O 型和 AB 型。在孟德尔遗传学说中，大多数基因都可分为显性和隐性，当显、隐性基因同时出现时，会表现出显性基因的性状。不过，在血液系统中的 A 抗原和 B 抗原却是"共显性"。当我们的红血球同时出现 A 抗原和 B 抗原时，就是 AB 型。另外，如果我们的红血球没有 A 抗原也没有 B 抗原，就为 O 型。

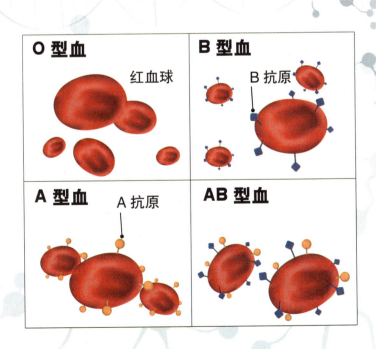

萍水相逢

用法：比喻人本来不相识，因机缘巧合偶然相遇。

唐朝末年，群雄割据，四处战乱大起，许多老百姓都被迫离开自己的家园。刘晔也是其中一名逃难的百姓。

不过，很幸运的是，刘晔后来逃到了一个较为安逸的小城。由于那座城位于边陲地带，又没什么资源，因此没有人来攻打。刘晔到了小城后就开了一间私塾，以教孩子们读书识字为生。不过，他仍是惦记着他的家乡。

这座小城里面的居民有许多都跟刘晔一样，是从别的地方逃难过来的，而其中也不乏其他的读书人。

一天，眼见这个小城较为安全了，一名读书人号召其他人到河边吟诗作对，以解心中的苦闷。在这个聚会中，大家都开心地念出自己创作的诗。后来轮到了刘晔，他看到凉亭旁的水一直流，浮萍却只是在水面上载浮载沉，他就说："萍水相逢，尽是离乡人。"意思是说，虽然大家在这儿聚会，不过大家都是远离家乡来到这儿漂泊的人。

他一念完，所有人都想到了自己的家乡，号啕大哭了起来。

四海为家的浮萍

浮萍是一种水草，植株没有茎，通常是由两三片卵形叶状体连在一起生长。浮萍夏天会开花，属于开花植物，繁殖能力很强。

放眼望去，浮萍常常成群结队地在水田或池塘的水面上漂浮。不过，凑近一看，才发现它们是由好几种浮萍组合在一起的。常见的浮萍有青萍、水萍、无根萍和品萍。虽然浮萍会和水稻抢养分，但它却也是水鸭最好的饲料。

另外，近期有越来越多的研究指出浮萍有净化水质的功用。它可以增加水中的含氧量，并且抑制藻类生长，还有利于提供鱼类、螺类和水鸟等生物更好的生存环境。

青萍个儿小，繁殖力强，常将水田铺成一片绿色。

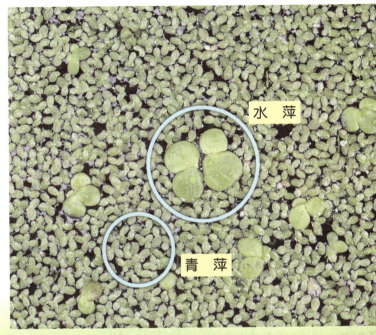

一片浮萍往往是由好几种浮萍聚生在一起的。

鸭子很喜欢吃浮萍，所以浮萍的英文名称为"duckweed"。

生活在水里的植物

"水生植物"顾名思义就是生活在水里的植物。这个称呼并不是学术性专业的称呼,它只是笼统的称呼任何生活在水中水边的植物,所以水生植物也包含沼生植物,如红树林。

即便"水生植物"定义不明确,但不妨碍我们亲近、认识这些特别的植物。一般来说,水生植物可以按照其生活习性,和叶片相对于水面的位置分成下面四大类。

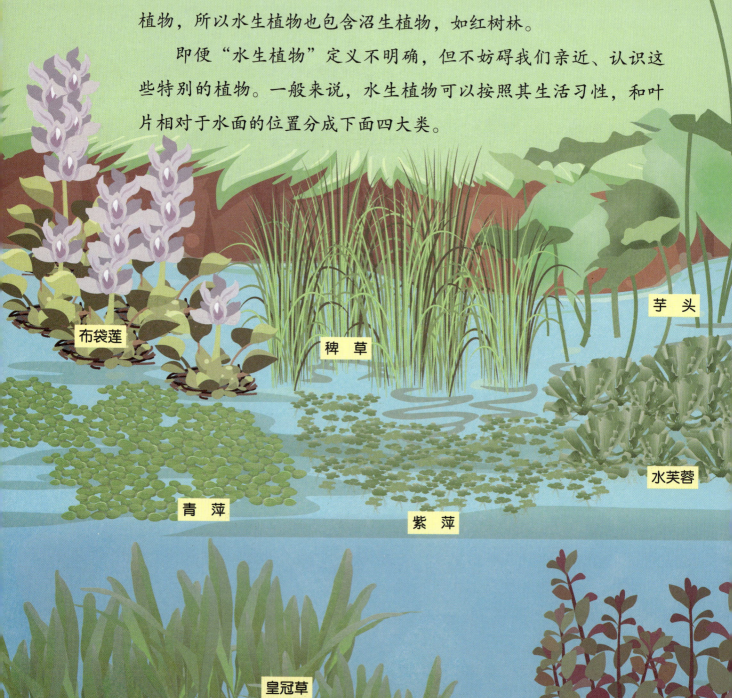

沉水性水生植物

整株植物都完全沉浸在水中的植物。这种植物的根部会附着在水底的泥沼或砂石中,靠叶片来吸收水中的养分,水族店里面展示的水草大多属于此类,如金鱼藻、扭兰和红蝴蝶等。

挺水性水生植物

根或根状茎生于泥中,植株茎、叶高挺出水面。这类水生植物是数量种类最多,也是最漂亮的,常见的有荷花、菖蒲、芋头和稗草等。

浮水性水生植物

根或根状茎生于泥中,植物的叶片通常浮于水面。这类植物大多生长在水底泥土松软、水流静止的池塘或沼泽地区。如睡莲和菱角等。

漂浮性水生植物

这类植物的根漂浮在水里,没有固定在底部的泥土中。这类植物会随着水流四处漂动,而且通常体形较小、繁殖力惊人。常见的漂浮性植物有青萍、紫萍、布袋莲和水芙蓉等。

荷花

菖蒲

菱角

睡莲

红蝴蝶

金鱼藻

扭兰

小牛顿 科学与人文

成语中的科学（全6册）

中国源远流长的五千年文明，浓缩发展出了充满智慧的成语。在这些成语背后，其实有着与其息息相关的科学知识。本系列将之分为植物、动物、宇宙、物理、化学、地理、人体等多个领域。根据每则成语的出处背景或意义，编写出生动有趣的故事，搭配精细的图解，来说明成语背后所蕴含的科学原理，让孩子在阅读成语故事时，也能学习科学知识！

内容特色：

1. 涵盖植物、动物、宇宙、物理、化学、地理、人体等七大领域。
2. 用90个主题、180个细分科学知识点来讲解，近千幅全彩高清插图配合知识点丰富呈现，内容详实有深度。
3. 配以23个有趣的科学视频进行拓展，扫描二维码即可快捷观看，利用多媒体延伸阅读。
4. 将"科学"与"人文"相结合，将科学的触角伸入更多领域，使科学更生动、多元、发散。

全套6册精彩内容
90个成语
180个科学知识点
23个科学视频

每册15个成语故事 · 充满童趣的插画风格 · 深入浅出地介绍成语中的科学原理 · 浅显易懂的图示讲解 · 丰富多元的知识拓展

扫一扫二维码，可观看科学小视频。登录现代出版社官网（www.1980xd.com），还可以在线观看及下载全套视频。

小牛顿 科学与人文

故事中的科学（全6册）

故事除了有无限丰富的想象力，还可以带给孩子什么启发呢？本系列借由生动的故事，引发儿童的学习动机，将科学原理活泼生动地带到孩子生活的世界，拉近幻想与现实的距离，让枯燥生涩的科学知识染上缤纷色彩。本系列分成动物、植物、物理、化学、地理、宇宙等领域，让孩子在阅读过程中，对科学知识有更系统性的认识，带领孩子从想象世界走进科学天地。

内容特色：

1. 涵盖动物、植物、物理、化学、地理、宇宙等六大领域。
2. 用90个主题、180个细分科学知识点来讲解，近千幅全彩高清插图配合知识点丰富呈现，内容详实有深度。
3. 配以24个有趣的科学视频进行拓展，扫描二维码即可快捷观看，利用多媒体延伸阅读。
4. 将"科学"与"人文"相结合，将科学的触角伸入更多领域，使科学更生动、多元、发散。

全套6册精彩内容
90个故事
180个科学知识点
24个科学视频

每册15个趣味故事
充满童趣的插画风格
深入浅出地介绍故事中的科学原理
丰富多元的知识拓展
浅显易懂的图示讲解
扫一扫二维码，可观看科学小视频。登录现代出版社官网（www.1980xd.com），还可以在线观看及下载全套视频。

版权登记号：01-2018-2119

图书在版编目（CIP）数据

为什么藕断了丝却不断？：成语中的自然植物 / 小牛顿科学教育有限公司编著.
—北京：现代出版社，2018.5（2021.5重印）
（小牛顿科学与人文．成语中的科学）
ISBN 978-7-5143-6935-9

Ⅰ.①为… Ⅱ.①小… Ⅲ.①植物—少儿读物 Ⅳ.① Q94-49

中国版本图书馆 CIP 数据核字（2018）第 054255 号

本著作中文简体版通过成都天鸢文化传播有限公司代理，经小牛顿科学教育有限公司授予现代出版社有限公司独家出版发行，非经书面同意，不得以任何形式，任意重制转载。本著作限于中国大陆地区发行。

为什么藕断了丝却不断？
成语中的自然植物

作　　者	小牛顿科学教育有限公司
责任编辑	王　倩
封面设计	八　牛
出版发行	现代出版社
通信地址	北京市安定门外安华里 504 号
邮政编码	100011
电　　话	010-64267325　64245264（传真）
网　　址	www.1980xd.com
电子邮箱	xiandai@vip.sina.com
印　　刷	三河市同力彩印有限公司
开　　本	889mm×1194mm　1/16
印　　张	4.25
版　　次	2018 年 5 月第 1 版　2021 年 5 月第 5 次印刷
书　　号	ISBN 978-7-5143-6935-9
定　　价	28.00 元

版权所有，翻印必究；未经许可，不得转载